Tentu Nageswara Rao
Benarjipatrudu T
Shushma Mulla

Quantificação de resíduos de fungicidas com estrobilurina em frutos de tomate

Tentu Nageswara Rao
Benarjipatrudu T
Shushma Mulla

Quantificação de resíduos de fungicidas com estrobilurina em frutos de tomate

Identificação e quantificação de resíduos de fungicidas estrobilurínicos em frutos de tomate, através de MSPD

Imprint

Any brand names and product names mentioned in this book are subject to trademark, brand or patent protection and are trademarks or registered trademarks of their respective holders. The use of brand names, product names, common names, trade names, product descriptions etc. even without a particular marking in this work is in no way to be construed to mean that such names may be regarded as unrestricted in respect of trademark and brand protection legislation and could thus be used by anyone.

Cover image: www.ingimage.com

This book is a translation from the original published under ISBN 978-3-659-86150-5.

Publisher:
Sciencia Scripts
is a trademark of
Dodo Books Indian Ocean Ltd. and OmniScriptum S.R.L publishing group

120 High Road, East Finchley, London, N2 9ED, United Kingdom
Str. Armeneasca 28/1, office 1, Chisinau MD-2012, Republic of Moldova, Europe
Printed at: see last page
ISBN: 978-620-3-60151-0

ÍNDICE DE CONTEÚDOS

RESUMO 2

CAPÍTULO 1. INTRODUÇÃO..3

CAPÍTULO 2. REVISÃO DA LITERATURA.......................................15

CAPÍTULO 3. BREVE DISCUSSÃO SOBRE A DMSP.......................21

CAPÍTULO 4. O DESENVOLVIMENTO DA DMSP............................22

CAPÍTULO 5. EXPERIMENTAL 32

CAPÍTULO 6. RESULTADOS E DISCUSSÃO 34

CAPÍTULO 7. CONCLUSÕES..36

REFERÊNCIAS 40

RESUMO

Foi desenvolvido um método simples, sensível e pouco dispendioso utilizando a dispersão em fase sólida da matriz (MSPD), juntamente com um método de cromatografia líquida de alta resolução para a determinação de resíduos de fungicidas estrobilurina (Azoxistrobina, Picoxistrobina, Piraclostrobina e Trifloxistrobina) em tomates. Os parâmetros avaliados incluíram o tipo e a quantidade de adsorvente (sílica gel, C18 e Florisil) e a natureza do eluente (acetato de etilo, diclorometano e acetonitrilo), tendo os melhores resultados sido obtidos utilizando 1.O método foi validado utilizando amostras de tomate com fungicidas em diferentes níveis de concentração (0,05 e 0,5 µg/mL). As recuperações médias (utilizando seis réplicas de cada concentração) variaram entre 90 e 97%, com desvios-padrão relativos inferiores a 3%, a concentração das soluções de calibração na gama de 0,01-2,0 mg/L e os limites de deteção (LD) e de quantificação (LOQ) foram de 0,01 mg/L e 0,05 mg/L, respetivamente.

CAPÍTULO 1. INTRODUÇÃO

Os compostos químicos utilizados para controlar as pragas e as doenças na proteção das culturas agrícolas, destinados a erradicar as ervas daninhas, a matar as pragas e a controlar os vectores de doenças perigosas para o homem e os animais, são designados por pesticidas. Nas práticas agrícolas modernas, a utilização de agro-químicos tornou-se parte integrante de um bom rendimento para satisfazer as exigências de uma população em crescimento. A grande questão é a extensão da sua utilização judicial.

Historial da utilização de pesticidas

Tempos antigos : As cinzas, os sais comuns e os amargos são utilizados como herbicidas.

Século I d.C. : O naturalista romano Plínio, o Velho, na sua Historia naturalis, defende a utilização do arsénico como inseticida; sugere soda e azeite para o tratamento das leguminosas.

Século XVI : Os agricultores chineses utilizam arsénicos e nicotina sob a forma de extractos de tabaco como insecticidas.

1850: O piretro e o sabão são muito utilizados no Ocidente como insecticidas; uma lavagem de tabaco, enxofre e cal utilizada para combater insectos e fungos.

1867: O pigmento verde Paris, uma forma impura de arsenito de cobre, é introduzido nos Estados Unidos para controlar os surtos do escaravelho da batata do Colorado. No espaço de uma década, o verde Paris e a emulsão de óleo de querosene são utilizados contra uma grande variedade de insectos mastigadores e sugadores.

1896 Um viticultor francês aplica sulfato de cobre e CaOH, uma mistura bordalesa, observa que as ervas daninhas próximas ficam pretas e nasce a ideia de herbicidas químicos selectivos.

1900 São utilizados ácido sulfúrico, nitratos de cobre e sais de potássio.

1900-1950   As soluções de arsenito de sódio tornam-se os herbicidas padrão e são utilizadas em grandes quantidades.

1913   Molho de sementes com organomercúrio

1913 - 1939   Primeiro de vários fungicidas ditiocarbamatos utilizados nos EUA.

1939   Potencial inseticida do DDT descoberto na Suíça,

levando à síntese de milhares de produtos químicos. Os hidrocarbonetos clorados, como o DDT, o BHC, a dieldrina, a aldrina e o clordano, entre outros, são todos potentes venenos de contacto e estomacais, utilizados com entusiasmo contra a malária e outras doenças transmitidas por insectos.

1950   : Aparecem os fungicidas captan e glyodin; é introduzido o inseticida organofosforado malatião.

1961   DDT registado para utilização em 34 culturas diferentes, à medida que a utilização de   pesticidas aumenta drasticamente.

1962   Rachel Carson publica Silent Spring, um grito de guerra dos ambientalistas contra a utilização de pesticidas. O potencial de bioacumulação e de toxicidade a longo prazo dos pesticidas tornou-se amplamente reconhecido e a resistência das pragas tornou-se cada vez mais evidente. Os agricultores deixaram de utilizar o DDT e outros compostos clorados a favor dos organofosforados e dos carbamatos, que, embora mais tóxicos em termos agudos, não persistem no ambiente.

1972   A Organização Mundial de Saúde (OMS)   revogou   a utilização do DDT em todas as fontes alimentares nos Estados Unidos. A Organização Mundial de Saúde reserva-se, no entanto, o direito de utilizar o DDT em surtos de malária particularmente virulentos.

1970-1980   : Introdução das sulfonilureias herbicidas, dos fungicidas sintéticos metaxil e triadimefron e dos pesticidas piretróides estáveis à luz.

1990   Interesse renovado na gestão integrada das pragas; intensificação da investigação sobre métodos biológicos de controlo das pragas e outras alternativas aos pesticidas. O aparecimento de programas de gestão das pragas, resultado de um melhor conhecimento das interações entre o hospedeiro e a praga, contribuiu para diminuir a utilização de insecticidas nos principais produtos agrícolas, como o milho, a soja, o algodão e o trigo, desde a década de 1960.

Classificação dos pesticidas

Os pesticidas são classificados principalmente em quatro categorias, dependendo do seu modo de ação envenenadora.

Estes grupos são os seguintes:

a. Venenos físicos

b. Venenos para os nervos

c. Venenos protoplasmáticos

d. Venenos respiratórios

a. Venenos físicos:

Estes pesticidas matam o organismo vivo através de uma ação física. Por exemplo, a endrina penetra por via percutânea através da epiderme da pele e produz efeitos letais. As poeiras de sílica e de carvão também interferem com a inalação do ar através da passagem nasal, acumulando-se assim nos pulmões.

b. Venenos para os nervos:

O DDT, o malatião, o paratião, etc. actuam como venenos para os nervos. O DDT desencadeia uma excitação nervosa extrema e provoca a libertação de substâncias neuroactivas em excesso, perturbando a atividade nervosa.

c. Venenos protoplasmáticos:

Os insecticidas e produtos químicos como a endrina, o zirame, o arseniato de chumbo e o arsenito de sódio, etc., provocam a precipitação de proteínas no organismo, resultando em lesões hepáticas e, em última análise, na morte.

d. Venenos respiratórios:

Os pesticidas inactivam as enzimas respiratórias como as oxidases, peroxidases e redutases. Por exemplo, os fumigantes como o gás de ácido hudrociânico, o brometo de metilo, o dicloreto de etileno e o dibrometo causam asfixia aguda e bloqueiam as vias respiratórias.

Além disso, existem várias subclassificações que incluem:

Acaricidas : para o controlo de ácaros e carraças;

Algicidas : para a destruição de algas e de outra vegetação aquática;

Anti-sépticos: para proteção de não metais contra microorganismos;

Arboricidas : destruição da vegetação arbustiva e arbórea indesejável;

Bactericidas : controlo de bactérias e doenças bacterianas;

Herbicidas : para o controlo de ervas daninhas;

Insecticidas : para controlo de insectos nocivos. Grupos individuais

Fungicidas : para o controlo de doenças das plantas causadas por vários fungos;

Os fungicidas são um grupo de produtos químicos que são utilizados principalmente para controlar a deterioração das culturas devido ao ataque de fungos. Os fungicidas podem ser divididos em protectores e tipos específicos. Os protectores são o tipo mais antigo e incluem produtos à base de cobre e enxofre. Formam uma película protetora na superfície da planta e inibem a germinação de esporos de fungos. Os fungicidas de tipo específico são assim chamados porque actuam numa reação química específica do fungo. Os fungicidas estrobilurina são um dos fungicidas de tipo específico definidos por Dave W. Bartlett et al., (2002). A sua invenção foi inspirada por um grupo de produtos naturais com atividade fungicida. Os excelentes benefícios que proporcionam estão atualmente a ser utilizados numa vasta gama de culturas em todo o mundo. Lançadas pela primeira vez em 1996, as estrobilurinas incluem atualmente o fungicida mais vendido no mundo, a azoxistrobina. Até 2002, estarão disponíveis comercialmente seis ingredientes activos de estrobilurina para utilização agrícola. Esta análise descreve em pormenor as propriedades destes ingredientes activos - a sua síntese, modo de ação bioquímico, biocinética, atividade fungicida, benefícios em termos de rendimento e qualidade, risco de resistência e segurança humana e ambiental. Descreve também as claras diferenças técnicas que existem entre estes ingredientes activos, particularmente nas áreas da atividade fungicida e da biocinética.

i. Tipos de fungicidas

Basicamente, existem duas classes ou tipos diferentes de fungicidas, como se indica a seguir. Protectores de superfície de largo espetro e multi-sítio, que não entram na folha. Quando pulverizados numa roseira, o ingrediente ativo permanece na superfície da folha. Tipos sistémicos, geralmente de ação local, que penetram na folha. Quando pulverizados, o ingrediente ativo penetra no interior da folha. No entanto, é de notar que a penetração só ocorre enquanto a folha estiver húmida.

ii. Protetor de superfície

O primeiro tipo existe há anos e foi o primeiro tipo de fungicida a ser utilizado. A calda bordalesa insere-se nesta categoria, tal como produtos como o Daconil, o Fungi-Gard (ambos são clorotalonil), o Captan, o Mancozeb, o Maneb, etc. Porque é que se chamam protectores de superfície de largo espetro e multi-sítio? Porque sim: O seu modo de ação é tal que lhes permite atuar contra um espetro relativamente amplo de doenças fúngicas. O seu modo de ação é também tal que atacam ou danificam mais do que um local num fungo ("multisite") em contraste com apenas um local (tal como torcer figurativamente o seu pescoço). E, como já foi referido, permanecem na superfície da folha, não penetrando no interior. Por vezes, são designados fungicidas de contacto.

Os protectores de superfície não têm essencialmente qualquer utilidade contra uma infeção de pontos negros existente, no que diz respeito à sua cura. A sua principal utilidade nestes casos é ajudar a limitar a propagação da infeção. Fazem-no actuando como uma barreira de superfície, limitando a propagação através do envenenamento de um novo fungo à medida que o esporo germina e envia um tubo germinativo. No entanto, estas preparações não matam os esporos, por si só. Também estão sujeitas a serem lavadas e, claro, não se deslocam para proteger o novo crescimento. Esta categoria tem, no entanto, a grande vantagem de não dar origem, até agora, a uma acumulação de estirpes resistentes de fungos, que se tornam imunes à sua ação. Mas tem a desvantagem fundamental de, para ser útil, ter de estar na folha antes de um esporo aí pousar. Isto tem a importante consequência, como é facilmente visível, e como deve ser devidamente notado, de que qualquer novo crescimento que ocorra desde o momento da pulverização anterior não está protegido.

iii. Sítio único

A segunda categoria, a dos fungicidas sistémicos locais, de ação única, é mais recente. O Triforine, o Funginex, o Bayleton (Strike), o Banner Maxx, o 3336, o Rubigan, o immunex, etc., pertencem a esta categoria. Estes produtos entram na planta e, em geral, actuam apenas contra um sítio do fungo, interferindo com um processo metabólico específico ou uma função semelhante. A ação contra apenas um sítio dá origem à designação geral de "sítio único". Uma analogia pode ser equivalente a cortar-lhe a cabeça - se ela tivesse uma.

Uma desvantagem significativa desta classe geral de fungicidas é o potencial aparecimento de resistência à ação fungicida. Em muitos casos, é necessária apenas uma alteração genética para passar de suscetível a resistente, e muitos fungos já fizeram essa alteração.

É de notar que, embora estes fungicidas sejam frequentemente referidos como sendo "sistémicos", seria mais correto se fossem "localmente sistémicos". O fungicida é transportado pelo fluxo do xilema até às extremidades da folha, por exemplo, mas não é translocado para cima - para o novo crescimento, por exemplo.

Esta última propriedade tem também uma consequência imediata, na medida em que, tal como acontece com os protectores de superfície, os novos crescimentos que ocorrem desde a última pulverização também não são protegidos por esta classe de fungicidas.

iv. Digressão sobre a resistência

Devemos dizer uma breve palavra sobre a acumulação de resistência. Como a maioria dos rosários provavelmente sabe, a resistência à ação dos fungicidas é um fenómeno muito real e deve ser tido em conta nos nossos programas de pulverização. Até agora, a resistência é um problema apenas com os fungicidas sistémicos de um único local. O raciocínio é geralmente o seguinte. Se um determinado fungicida ataca apenas um único local de um fungo, está automaticamente em terreno instável. Por sítio único, queremos dizer que uma determinada etapa do seu processo metabólico pode ser atacada ou interrompida. Nos chamados fungicidas inibidores dos esteróis, por exemplo, que incluem o Triforine, o Rubigan, o Bayleton (Strike) e outros, a produção pelo fungo de um esterol utilizado na sua membrana celular é interrompida. Isto danifica o fungo, interferindo com o seu crescimento.

No entanto, em qualquer população de fungos, é provável que existam algumas estirpes com ligeiras variações no metabolismo, por exemplo. Talvez um pequeno segmento da população produza o esterol de uma forma ligeiramente diferente, e de uma forma que não seja afetada pelo fungicida. Ou talvez tenha aprendido a degradar o fungicida, ou qualquer outra coisa. Assim, este segmento inicialmente pequeno não é danificado ou morto pelo fungicida. Mas o restante segmento suscetível é morto. Quando isto acontece, a falta de competição fúngica deixa espaço para a estirpe resistente se expandir. Eventualmente, será a estirpe dominante e, eis que o fungicida já não funciona.

Esta ligeira diferença entre uma estirpe suscetível e não suscetível pode ser controlada por um único gene do fungo. Assim, talvez uma ligeira mutação, envolvendo apenas um gene, possa fazer a diferença entre resistente e suscetível. É geralmente aceite que este tipo de coisas pode acontecer e acontece quando a resistência ocorre.

A situação é diferente para um protetor de superfície multi-sítio. Neste caso, o fungo teria de ser suficientemente inteligente para fazer alterações suficientes em genes diferentes para que cada um dos locais atacados por estes fungicidas não fosse suscetível. Até à data, nenhum foi assim tão inteligente - pelo menos que tenhamos conhecimento. Esta é a razão para a falta de acumulação de resistência.

Devido ao acima exposto, os fungicidas de um único local, que são tão populares e amplamente utilizados, devem ser usados com um olhar atento ao problema da resistência. Isto significa, em geral, várias coisas. A sabedoria atual recomenda que, em primeiro lugar, devem ser sempre utilizados com um fungicida de comparação do tipo protetor de superfície multi-sítio. A minha preferência vai para a combinação dos dois tipos no mesmo tanque de pulverização. O Mancozeb e o Daconil são dois dos protectores de superfície mais eficazes.

Ocasionalmente, seria também prudente mudar para um sítio único diferente, com outro modo de ação. A triforina e o 3336, por exemplo, têm modos de ação diferentes. Também se considera preferível que os monociclos não sejam utilizados de forma a serem o único fungicida utilizado, uma e outra vez. Isto é simplesmente um convite a problemas de acumulação de resistência, e são conhecidos numerosos casos de tal utilização e consequente resistência. As zonas de aplicação única não estão sujeitas à lavagem pela chuva. Uma vez que entram na folha e são transportados pelo fluxo do xilema até à extremidade da folha, é provável que dêem uma cobertura mais completa do que uma pulverização superficial protestante. No entanto, deve ser lembrado que eles não se translocam para o novo crescimento. Neste aspeto, são semelhantes aos protestantes de superfície multi-site. Assim, de um modo geral, o crescimento após a última pulverização não é protegido.

v. Resíduos de pesticidas

Os resíduos de pesticidas são as quantidades muito pequenas de pesticidas que podem permanecer numa cultura após a colheita ou armazenamento e entrar na cadeia alimentar.

Nem todos os alimentos contêm resíduos de pesticidas, e estes ocorrem normalmente em níveis muito baixos. Os resíduos de pesticidas também incluem produtos de degradação do pesticida.

Os resíduos de pesticidas podem permanecer mesmo quando os pesticidas são aplicados na quantidade correta e na altura certa. Por vezes, precisam de permanecer na cultura para fazer o seu trabalho. Por exemplo, podem precisar de estar na superfície de uma fruta ou de um legume para os proteger das pragas durante o armazenamento. Para este efeito, alguns pesticidas são aplicados após a colheita.

Sempre que os pesticidas são aplicados, os seus resíduos permanecem nas superfícies tratadas durante algum tempo. As propriedades químicas, a frequência de aplicação, a taxa aplicada e os factores ambientais determinam a quantidade de resíduos que estarão presentes. Os resíduos são importantes em determinadas circunstâncias e necessários para alguns tipos de controlo de pragas, em que a sua presença proporciona um controlo contínuo. Os herbicidas aplicados quando a rotação de culturas não é um fator ou em zonas onde se pretende um controlo total a longo prazo das ervas daninhas, como as linhas de vedação e as zonas adjacentes aos edifícios, são exemplos deste fenómeno. A proteção das fundações estruturais contra as térmitas é outra caraterística desejável dos resíduos de pesticidas. No entanto, os resíduos são indesejáveis quando expõem as pessoas, os animais domésticos ou a vida selvagem a níveis inseguros de pesticidas. Os pesticidas que se deslocam para fora do local ou que não atingem o local de aplicação pretendido podem permanecer como resíduos no solo, na água ou nas superfícies. Além disso, os contentores de pesticidas podem conter pequenas quantidades de resíduos que exigem uma limpeza e eliminação adequadas para evitar a contaminação do ambiente. Os níveis aceitáveis de resíduos de qualquer pesticida são conhecidos como a sua tolerância e são fixados pelas agências governamentais. A tolerância é a quantidade máxima de um pesticida que pode permanecer sobre ou dentro de produtos agrícolas em bruto. Ocasionalmente, os pesticidas podem estar presentes de forma incorrecta devido ao facto de a cultura absorver pesticidas que foram aplicados anteriormente no local; um agricultor aplicar pesticidas a uma cultura não registada; um agricultor aplicar uma taxa de pesticida que excede as recomendações do rótulo; o pesticida ser aplicado demasiado perto da colheita da cultura; a deriva de um pesticida de outro local.

A utilização de pesticidas após a colheita também pode deixar resíduos nos produtos.

A utilização incorrecta de pesticidas em armazéns, mercados ou restaurantes também pode deixar resíduos ilegais nos produtos alimentares. A persistência de um pesticida é o período de tempo que decorre desde a sua aplicação até à sua degradação. Certos pesticidas não se degradam rapidamente no ambiente, pelo que são designados por persistentes. Alguns destes pesticidas, como muitos dos insecticidas à base de hidrocarbonetos clorados, foram proibidos de serem utilizados quando estas caraterísticas foram determinadas.

vi. O potencial de exposição a pesticidas

Alguns rótulos de pesticidas exigirão intervalos de entrada restrita mais longos, e

A maior probabilidade de o pesticida deixar o local tratado através do movimento da água, da lixiviação e do vento.

A persistência pode impedir os agricultores de plantar determinadas culturas num local previamente tratado. Os regulamentos estabelecem restrições à plantação para evitar danos causados por resíduos nas culturas subsequentes. Quando estas restrições se aplicam, o rótulo do pesticida especificará quais as culturas que podem ser cultivadas ou quais as que não devem ser plantadas. O rótulo também indicará quanto tempo após a aplicação o agricultor deve esperar antes de plantar outras culturas. As restrições de plantio são uma boa razão para manter registos precisos de aplicação de pesticidas.

vii. Acumulação de pesticidas

A acumulação refere-se à acumulação de pesticidas resultante da utilização repetida. Pode ocorrer no solo, nas águas subterrâneas, nas plantas, nos lagos, nas lagoas e nos tecidos animais.

Decomposição (degradação) de pesticidas

Podem existir riscos especiais quando os pesticidas se degradam no ambiente. Alguns degradam-se em compostos tóxicos antes de se decomporem. Outros podem não se degradar devido a condições ambientais invulgares. Cada local tem condições ambientais únicas que influenciam a forma como os produtos químicos se degradam. Alguns destes factores ambientais incluem:

Textura do solo;

Humidade do solo;

Matéria orgânica do solo;

Fluxo de ar, temperatura e precipitação; e a presença de plantas e animais.

Por exemplo, algumas taxas de herbicidas devem ser ajustadas de acordo com o tipo de solo em que são aplicadas para serem eficazes ou, em alguns casos, para evitar danos nas culturas.

Evitar resíduos perigosos

As seguintes medidas podem reduzir o risco de resíduos de pesticidas nocivos: Cumprir as instruções do rótulo relativamente à taxa de aplicação, tempo e colocação;

Evitar misturas incompatíveis que criem resíduos de pesticidas;

Evitar derrames de pesticidas;

Evitar o refluxo para as fontes de água durante o processo de mistura;

Calibrar com exatidão o equipamento de aplicação;

Evitar misturar mais material do que o necessário para o trabalho;

Selecionar pesticidas que se decomponham rapidamente;

Utilizar formulações que reduzam a possibilidade de deriva.

viii. Danos nas superfícies tratadas

Os pesticidas podem, por vezes, manchar ou danificar as superfícies tratadas onde estão expostos. O ingrediente ativo do pesticida ou os seus ingredientes inertes podem ser responsáveis pelos danos. As taxas de aplicação e a concentração da calda de pulverização podem ser responsáveis por este tipo de danos. Para determinar os danos no local tratado, aplica-se primeiro uma pequena quantidade numa área de texto.

ix. Fontes

Os pesticidas podem ser absorvidos através da pele, ingeridos ou inalados (mais tóxicos). Durante a aplicação, os pesticidas são arrastados e depositados em lagos, roupa suja, brinquedos, piscinas e mobiliário. O resto é libertado na água ou dissipa-se no ar. A deriva a partir de paisagens varia de 12 pés a 14,5 milhas. Os efeitos mais graves parecem ser produzidos pela inalação direta de pesticidas pulverizados do que pela absorção ou ingestão de toxinas.

Foram descritos vários métodos para a determinação destes fungicidas, utilizando a extração em fase sólida (SPE) realizada por T.K. Choudhury et al., (1996). Microextracção em fase sólida (SPME) realizada por Ho W e Hsieh S.J (2001). Para a separação de resíduos de fungicidas em amostras ambientais. Extração com fluido supercrítico (SFE) realizada por Zuin V.G et al., (2003). E a técnica de dispersão em fase sólida da matriz (MSPD) é utilizada por Adriano Aquino et al., (2011). Para a determinação de resíduos de fungicidas triazóis em plantas medicinais, no entanto, nenhuma das pesquisas publicadas até o momento relatou a análise simultânea de classes químicas como azoxistrobina, picoxistrobina, piraclostrobina e trifloxistrobina em frutos de tomate.

A técnica de dispersão em fase sólida da matriz (MSPD) foi desenvolvida por Barker S.A et al., (1989). Apresenta vantagens em relação às técnicas convencionais, uma vez que utiliza pequenas quantidades de amostra e solvente e o procedimento de extração consiste apenas em algumas etapas experimentais. A MSPD evoluiu a partir da técnica de extração em fase sólida (SPE), modificada para aplicação a matrizes sólidas e semi-sólidas. O procedimento MSPD baseia-se na utilização de um sorvente, que actua como um abrasivo para produzir uma "abertura" modificada da matriz sólida, facilitando o processo de extração quando se utiliza um solvente adequado para eluir os analitos.

CAPÍTULO 2. REVISÃO DA LITERATURA

Battu, Balwinder Singh e Kang (2003) estudaram a contaminação do leite líquido e da manteiga com resíduos de pesticidas no distrito de Ludhiana, no estado de Punjab, na Índia, e verificaram que a ingestão diária estimada de lindano através do consumo de leite contaminado excedia o valor de ingestão diária aceitável para crianças. Nenhuma das amostras de leite líquido ou de manteiga revelou a presença de fósforo orgânico de uso corrente ou de insecticidas piretróides sintéticos e o seu limite de deteção de 0,01 mg/kg.

Sara Bogialli, Roberta Curini, Antonia Di Corcia ,Aldo Lagana, Manuela Nazzari e Michela Tonci (2004) analisaram os resíduos de insecticidas de carbamato no leite de bovino. Estudaram os efeitos da temperatura, do volume e do caudal do extrator na recuperação do analito.

Mallatou, Pappas, Kondyli e Albanis (1996) analisaram resíduos de pesticidas no leite e no queijo da Grécia e verificaram que todas as concentrações médias encontradas eram inferiores aos limites máximos permitidos pela União Europeia.

Hura e Strutinschi (2002) investigaram a variação dos resíduos de pesticidas organoclorados em alguns alimentos na zona oriental da Roménia e concluíram que os resíduos de pesticidas organoclorados estão presentes em todos os alimentos analisados.

How-Ran Chao, Shu-Li Wang, Ta-Chang Lin e Xu-Hui Chung (2005) estudaram os níveis de pesticidas organoclorados (OCP) no leite humano recolhido na região central de Taiwan. Verificaram que os resíduos de OCP no leite humano do centro de Taiwan eram comparáveis aos descritos em resultados da Suécia, do Reino Unido e do Japão, e eram significativamente inferiores aos de investigações em países asiáticos, incluindo a China, a Tailândia, a Indonésia e o Vietname.

Junko Kawahara, Jun Yoshinaga e Yukio Yanagisawa (2007) estudaram a exposição alimentar a pesticidas organofosforados em crianças de tenra idade em Tóquio e nas zonas limítrofes. Determinaram a ocorrência de pesticidas organofosforados na dieta de crianças pequenas no Japão e estimaram a sua exposição.

Qiyu Zhao, Michael Dourson e Bernard Gadagbui (2005) avaliaram a toxicidade do clorpirifos e discutiram a escolha do efeito crítico.

Miyuki Gotoh,Masakatsu Sakata, Tetsuya Endo,Hideyuki Hayashi, Hiroshi Seno e Osamu Suzuki (2000) determinaram o Profenofos e os seus metabolitos no envenenamento humano.

Rekha, Naik e Prasad (2005) analisaram resíduos de pesticidas em alimentos biológicos e convencionais para efeitos de análise de risco. Verificaram que as amostras de trigo e arroz colhidas no mercado (exploração convencional) apresentavam níveis significativos de todos os resíduos de pesticidas.

Jose Humberto Salas, Maria Magdalena, Gonzalez, Mario Noa, Norma Alicia Perez, Gilberto Diaz, Rey Gutierrez, Hector Zazueta, e Isidro Osuna (2003) determinaram os resíduos de pesticidas organofosforados no leite pasteurizado comercial mexicano.Eles mediram resíduos de 13 pesticidas organofosforados (OP), amplamente utilizados como ectoparasiticidas para gado leiteiro ou em culturas usadas para alimentação animal, em amostras de leite mexicano homogeneizado e pasteurizado. Eles descobriram que os resíduos médios de 13 pesticidas OP medidos estavam abaixo dos LMRs estabelecidos, variando entre 0,0051 e 0,0203 ppm.

Giampiero Pagliuca, Andrea Serraino, Teresa Gazzotti, Elisa Zironi, Andrea Borsari e Roberto Rosmini (2000) determinaram os resíduos de pesticidas organofosforados no leite cru italiano. Verificaram que a contaminação por OPP era inferior ao limite máximo de resíduos (LMR) fixado pela União Europeia.

Waliszewski, pardio , Chantiri , Aguirre, Infanzon e Rivera (1997) estudaram os resíduos de pesticidas organoclorados no leite de vaca e na manteiga no México, tendo verificado que, em relação ao leite de vaca, os níveis totais de HCH no estado de Veracruz eram mais elevados, mas os níveis totais de DDT eram comparáveis aos registados noutros países. Os níveis de organoclorados nas amostras de manteiga eram inferiores aos encontrados noutros países.

Pandit, Sharma, Srivastava e Sahu (2002) determinaram os resíduos persistentes de pesticidas organoclorados no leite e nos produtos lácteos na Índia. Verificaram que todos os níveis de resíduos de pesticidas organoclorados no leite e nos produtos lácteos estavam muito abaixo dos limites máximos admissíveis estabelecidos pela FAO/OMS.

Liaska (1993) estudou os efeitos do processamento sobre os resíduos de pesticidas no leite. O estudo indicou que os tratamentos térmicos utilizados para a secagem e esterilização do leite destruíram alguns dos resíduos presentes, variando a quantidade de resíduos destruídos com o tratamento e a natureza do resíduo de inseticida.

Mukherjee e Gopal (2001) estudaram os resíduos de pesticidas organoclorados no leite de vaca nos arredores de Deli. Verificaram que o leite e os produtos lácteos analisados apresentavam níveis de resíduos que variavam entre 0,022 e 0,166 mg/g para o HCH e entre 0,042 e 0,382 mg/g para o DDT.

John, Neela Bakore e Pradeep Bhatnagar (2001) avaliaram os resíduos de pesticidas organoclorados no leite de vaca e no leite de búfala da cidade de Jaipur, Rajasthan, Índia. Verificaram que todas as amostras de leite recolhidas estavam contaminadas com DDT e seus metabolitos, isómeros de hexaclorociclohexano, heptacloro e seu epóxido e aldrina. Verificou-se que as amostras recolhidas durante o inverno continham níveis de resíduos mais elevados em comparação com as outras estações.

Albert (2003) estudou os resíduos de pesticidas organoclorados em amostras de queijo de três regiões mexicanas. Verificou que todas as amostras estavam contaminadas por resíduos de organoclorados. As amostras da região da Comarca Lafunera tinham o maior número de pesticidas por amostra. As concentrações mais elevadas de resíduos foram encontradas em amostras de queijo das regiões de Soconussco e Comarca Lagunera.

Kalra, Chawla, Sharma, Battu e Gupta (1983) estudaram os resíduos de DDT e HCH em manteiga e ghee na Índia em 1978-1981. Verificaram que foram detectados resíduos de DDT e HCH em todas as amostras. O nível de resíduos de DDT excedeu o limite de resíduos estranhos de 1,25 µg/g prescrito pela Organização para a Alimentação e a Agricultura, Organização Mundial de Saúde, em amostras de manteiga e ghee. Os resíduos de HCH na maioria das amostras também eram elevados.

Abou-Arab (1993) estudou o efeito do fabrico do queijo de Ras na estabilidade do DDT e dos seus metabolitos. Verificou que os níveis de DDT e dos seus metabolitos em amostras de leite líquido eram mais elevados do que no queijo de Ras. Os níveis detectados de pesticidas no leite e no queijo eram inferiores aos limites máximos aceitáveis recomendados pela FAO/OMS (1993).

Heck, Sifuentes Dos Santos, Bogusz Junior, Costabeber e Emanuelli (2006) estudaram a exposição de crianças a compostos organoclorados através do leite no Brasil. Eles determinaram que a ingestão diária estimada (EDIs) para pesticidas organoclorados estava abaixo das doses diárias aceitáveis estabelecidas pela FAO/OMS. Além disso, poucas amostras excederam os limites máximos de resíduos.

Hopper (1999) desenvolveu um sistema automatizado de extração e limpeza de fluidos numa só etapa para a análise de resíduos de pesticidas em matrizes gordas. O método foi utilizado para a análise de resíduos de pesticidas organoclorados e organofosforados contidos em gorduras.

Lenardon, Maitre De Hevia e Enrique De Carbone (1994) analisaram pesticidas organoclorados em manteiga argentina. Verificaram que os valores médios de resíduos de pesticidas na gordura da manteiga eram de HCH 0,029 ppm e DDT 0,024 ppm. Os níveis de resíduos excederam os limites prescritos pela Organização das Nações Unidas para a Alimentação e a Agricultura (OMS) apenas num número muito reduzido de casos.

Amr (1999) monitorizou os pesticidas e os seus problemas de saúde no Egito, um país do terceiro mundo. Confirmou a presença de resíduos de DDT, HCH e Dieldrin em 130 amostras de leite, queijo, manteiga, iogurte e leite em pó.

Sharma e Kaushik (2007) analisaram resíduos de pesticidas no leite de bovinos de um estado predominantemente agrícola de Haryana, na Índia. Verificaram que as concentrações de β-HCH e p,p'-DDE eram mais elevadas em comparação com outros isómeros e metabolitos de HCH e DDT.

Lyytikainen, Lamberg-Allardt, Kannas e Cheng (2004) avaliaram o estado atual da ingestão alimentar em raparigas no início da puberdade, com especial incidência nos produtos lácteos. Verificaram que o consumo médio de produtos lácteos (620 g / dia) era semelhante ao de um estudo finlandês da década de 1980. A ingestão média de cálcio (1117 mg / dia) estava acima da recomendação, enquanto a ingestão de vitamina D (3,1 µg / dia) de 88% das raparigas estava abaixo da recomendação.

Battu, Singh, Kalra (1996) estudaram as variações sazonais dos resíduos de DDT e HCH no leite de vaca em Punjab, na Índia. Verificaram que as amostras colhidas durante o inverno continham níveis de resíduos mais elevados do que nas outras estações.

Battu, Singh, Joia, Kalra (1989) estudaram a contaminação do leite de vaca devido à utilização de DDT e HCH em programas de controlo da malária. Confirmaram que o leite de bovino está contaminado com resíduos persistentes de organoclorados como o DDT e o HCH.

Gupta, Parihar, Singh (1997) estudaram os resíduos de HCH e DDT no leite de bovino e no leite em pó. Verificaram que os resíduos de HCH e DDT estavam presentes no leite de bovino e no leite em pó.

Tentu. Nageswararao, T. Srinivasarao e G.Silpa (2012) Estudaram a determinação simultânea de resíduos de Lymecycline e Tetracycline no leite de bovino através de dispersão em fase sólida da matriz accplada a cromatografia líquida de alta eficiência com deteção ultravioleta.

Walid et al (2006) utilizaram um processo de oxidação avançado combinado com um processo de tratamento biológico para remover ambos os pesticidas e depois a carga de CQO de soluções aquosas. Verificou-se que os sistemas de oxidação O3 e O3/UV removem 90 a 100% do pesticida deltametrina num período de 210 minutos. A utilização de O3 combinada com radiação UV melhorou a degradação dos pesticidas e o resíduo de pesticida atinge zero no caso da deltametrina

Valeria et al (2007) analisaram as quantidades vestigiais de insecticidas neonicotinóides presentes na água do rio e na batata por cromatografia líquida acoplada a um detetor espetrométrico de lente térmica (TLS). Este método de análise de múltiplos resíduos baseia-se na separação em fase reversa numa coluna C18, na eluição isocrática e na deteção TLS de feixe duplo colinear. O limite de quantificação do imidaclopride foi de 89 µg/L.

CAPÍTULO 3. BREVE DISCUSSÃO SOBRE A DMSP

Os capítulos seguintes mostram claramente que os suportes sólidos que foram modificados à superfície com fases orgânicas ligadas revolucionaram a ciência da extração. A utilização de colunas, cartuchos, fibras e discos de extração em fase sólida (SPE) ofereceu um mecanismo para reduzir os grandes volumes de solvente frequentemente necessários e as complicações encontradas em muitas das abordagens clássicas de extração solvente-solvente. É especialmente irónico que muitos dos métodos mais antigos, oficialmente sancionados, para a realização de análises de poluição ou de resíduos gerem mais resíduos perigosos e poluição do que realmente detectam, monitorizam ou melhoram. Muitos desses métodos foram posteriormente colocados, ou estão a ser substituídos. Ou estão a ser substituídos por abordagens que envolvem a utilização de extração em fase sólida, de uma forma ou de outra. O capítulo anterior descreveu, por exemplo, a utilização de discos e cartuchos SPE para a extração de amostras de água na realização de análises para fins regulamentares ou outros fins de monitorização. Quase todos os exemplos apresentados até à data dizem respeito a amostras líquidas ou a amostras que foram convertidas para a forma líquida.

Os materiais SPE padrão são concebidos principalmente para aceitar amostras de fluidos aquosos ou, pelo menos, solubilizados. As amostras com uma viscosidade demasiado elevada ou que contenham um teor de partículas moderado a pesado não podem ser extraídas por SPE sem um passo de diluição, filtração, centrifugação ou qualquer outra manipulação. As amostras sólidas não podem ser aplicadas diretamente aos materiais SPE e devem, por isso, ser colocadas numa forma líquida e solubilizada antes da extração SPE.

CAPÍTULO 4. DESENVOLVIMENTO DA DMSP

Os cientistas utilizaram sólidos granulares para misturar amostras húmidas ou semi-secas durante várias décadas antes da introdução do MSPD. O material granular era frequentemente utilizado apenas para desidratar a amostra; assim, os sais anidros, como o sulfato de sódio, os materiais higroscópicos, como a sílica gel e a celite, ou o kieselguhr aparecem em artigos que descrevem a mistura ou trituração de amostras antes da extração. A constatação inovadora de que a sílica ligada podia não só macerar ou desidratar uma amostra, mas também atuar como uma ferramenta especial para conseguir a manipulação de várias amostras num único e simples passo.

Etapa de mistura de amostras

Embalagem da coluna SPE para eluição subsequente

Ocorreu no final da década de 1980. Barker et al. Introduziram este novo processo para o rompimento e extração de analitos-alvo de amostras de tecidos de mamíferos em 1989 (Barker, Long e Short, 1989). A Figura 1 apresenta um esquema.

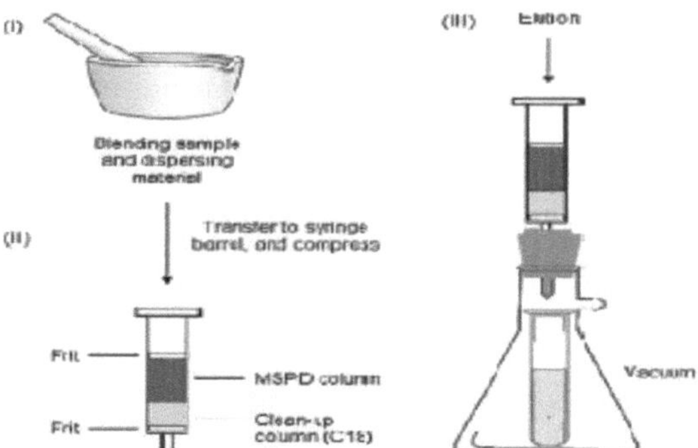

O procedimento envolve a mistura de sorventes de extração em fase sólida diretamente com amostras sólidas ou viscosas. Quando utilizado desta forma, o suporte sólido, na maioria das vezes uma partícula de sílica, mas possivelmente um material mais exótico, funciona como um abrasivo. Destrói a arquitetura da amostra através de forças de cisalhamento aplicadas. Estas são fornecidas por trituração ou mistura com um almofariz e pilão. Os almofarizes de vidro ou ágata (ou, mais geralmente, os feitos de materiais não porosos) têm sido os mais utilizados. A fase sólida, por exemplo C18, serve para ajudar no processo de rutura da amostra, solubilizando lípidos integrais, aparentemente desdobrando e rompendo as membranas celulares. As próprias subestruturas internas, agindo assim como um detergente. No entanto, não esquecer que o material que possui as propriedades lipofílicas ou detergentes é uma fase ligada e não tem o potencial de complicar o isolamento ou a análise do analito alvo, como acontece com a adição de solventes, detergentes ou dispersantes. Isto deve-se ao facto de, no final da extração, ainda se encontrar numa fase diferente do solvente de eluição.

O processo de mistura assegura que os tecidos são completamente rompidos e distribuídos pela superfície do suporte sólido. Durante esta mistura, as interações do suporte sólido e da fase ligada com os componentes celulares individuais são maximizadas e as interações dos componentes celulares entre si são destruídas. O resultado é uma amostra dispersa que, conforme determinado por microscopia eletrónica de varrimento, é bastante homogénea e distribuída numa camada com cerca de 100 Angstroms de espessura para aplicações que utilizam uma proporção comum de massa de amostra para massa de adsorvente (4:1 w/w). Por outras palavras, a nossa amostra tornou-se a nossa fase sólida. Postulamos que esta nova fase existe como uma bicamada constituída por uma partícula de sílica interna e a sua fase ligada como uma "membrana" interna, por exemplo, e uma "membrana" externa de componentes celulares distribuídos de forma a maximizar as interações lipofílicas. Espera-se que os materiais polares e os grupos funcionais de tais componentes sejam orientados para o exterior da estrutura e se organizem de forma a minimizar a interação lipídica e a maximizar a interação hidrofílica. A consistência do material misturado resultante é a de um pó semi-seco e pode, assim, ser embalado numa coluna ou cartucho que pode ser eluído com solventes como se fosse um dispositivo SPE normal. No entanto, este processo proporciona uma forma única de separação cromatográfica que difere da SPE normal. Por exemplo, os fármacos adicionados a amostras de leite que são depois extraídos por MSPD e por técnicas clássicas de SPE apresentam perfis de eluição muito diferentes (Barker e Fong, 1994). Devemos evitar fazer suposições sobre a natureza da retenção, capacidade e eluição com base em experiências SPE regulares.

A discussão que se segue descreve os mecanismos propostos envolvidos no processo

MSPD e os factores que foram identificados como influenciando o seu desempenho. Estes resultados confirmam a singularidade do processo e implicam que podem ser concebidas e aplicadas novas utilizações e formas de produtos químicos em fase ligada para a extração e preparação de amostras.

Uma interação única amostra/sorvente

A MSPD difere da SPE clássica em dois aspectos fundamentais: 1) As amostras SPE têm de estar na forma líquida antes de serem adicionadas à coluna, ao passo que o método MSPD foi concebido para lidar diretamente com matrizes de amostras líquidas sólidas ou viscosas; 2) os componentes de uma amostra interagem de forma muito diferente com o adsorvente de fase ligada e com a maior parte da matriz da amostra quando sujeitos a MSPD e a SPE clássica. A mistura direta da amostra por MSPD evita várias etapas - liquefação, solubilização ou homogeneização dos componentes da amostra, seguidas de centrifugação ou filtragem para remover os resíduos. Em cada passo, corremos o risco de perder componentes da amostra e de aumentar o volume da amostra. A MSPD elimina estas dificuldades e permite que toda a amostra seja exposta ao processo de extração.

A etapa MSPD

Embora a MSPD tenha sido aplicada a muitos tipos de amostras diferentes e a uma gama igualmente vasta de analitos-alvo, os métodos desenvolvidos revelaram-se surpreendentemente semelhantes. No Quadro 1 é apresentada uma lista de referências que ilustram os fármacos ou substâncias isolados de uma determinada matriz. Para uma análise das aplicações e referências individuais, ver Barker e Long (1992); Barker e Haley (1992); Barker (1993); Barker, Long e Hines (1993); Walker, Lott e Barker (1993); Barker e Long (1994).

Um processo típico envolve a utilização de um almofariz e pilão de vidro, alumina não porosa ou ágata, no qual é colocado o suporte sólido/material de fase ligada. A amostra é então colocada no topo do suporte sólido. A maioria dos estudos de aplicação da MSPD utilizou 2,0 g de suporte sólido para 0,5 g de matriz de amostra, ou um rácio de massas semelhante. No entanto, foi publicado um número surpreendentemente elevado de aplicações que produzem limites de deteção satisfatórios com apenas meio grama de amostra. Nesta fase do processo, os padrões podem ser adicionados à própria amostra. Se se pretender modificar a química da amostra, podem também ser adicionados nesta fase antioxidantes, agentes quelantes ou descalcificantes, ácidos, bases, etc., para co-mistura com a amostra e o suporte sólido. Estes aditivos afectarão a sequência de eluição ou a retenção da substância a analisar. O material é misturado suavemente com o pilão, sendo necessária pouca força, mesmo no caso de amostras duras que contenham um elevado grau de tecido conjuntivo, como rins ou plantas fibrosas. O analista notará a rutura imediata da arquitetura da amostra e, após cerca de 30 a 45 segundos, a dispersão quase completa da amostra. As amostras congeladas podem demorar um pouco mais porque a descongelação é uma parte necessária da dispersão da amostra.

Algumas combinações de sorvente e amostra conferem "pegajosidade" à mistura resultante, exigindo a raspagem dos lados do almofariz ou da ponta do pilão, seguida de tempo de mistura adicional, para garantir uma dispersão completa. Isto é mais evidente com amostras que contêm uma quantidade significativa de tecido conjuntivo, como o rim, e com a utilização de fases de ligação mais lipofílicas, como o C18 (octadecilsilano). Este problema não é tão evidente com suportes de cadeia mais curta, como C8 e C3, e com amostras facilmente dispersas, como leite ou fígado. Embora a mistura manual seja a mais comum, é possível utilizar um misturador portátil elétrico ou a pilhas equipado com um pilão de Teflon. Esta ferramenta mistura muito bem e evita os possíveis problemas de movimentos repetitivos que poderiam estar associados à aplicação sequencial do método a um grande número de amostras.

Técnicas alternativas de dispersão de amostras

Na maioria das aplicações, tem sido utilizado um tamanho de amostra relativamente pequeno, normalmente 0,5 ml de uma amostra líquida, como o leite, ou 0,5 g de uma amostra sólida, como o músculo, para realizar uma extração MSPD. No entanto, Van Poucke, et al. (1991), descobriram que podiam utilizar 5,0 a 10,0 mL de leite misturado com 2,0 g de material C18 para o isolamento de resíduos de sulfonamida e ainda obter aproximadamente 95% de recuperação. Foram obtidas recuperações mais fracas com quantidades mais pequenas de C18, independentemente do tamanho da amostra. Além disso, a amostra foi preparada num corpo de seringa de vidro, misturando o leite e o suporte sólido com uma pipeta selada. Este passo eliminou a necessidade de misturar os materiais num almofariz e, subsequentemente, de transferir a amostra para uma coluna - um processo que pode levar a alguma perda de amostra e que exigiria tempo adicional de análise.

Uma abordagem semelhante foi aplicada por Schenck (1995) e Schenck e Wagner (1995) para o isolamento de ivermectina e de resíduos de organoclorados e organofosforados no leite, respetivamente. Neste último caso, 2,0 g do suporte sólido são misturados na coluna com 1,5 mL de acetonitrilo e 5,0 mL de leite. Quando a amostra é bem misturada e a fase aquosa é removida por aspiração, o processo de extração MSPD pode então ser aplicado. Isto permite a utilização de uma amostra de leite muito maior (5,0 mL versus a mistura comum de 0,5 mL) por análise e aumenta consideravelmente os limites de deteção do método global. Esta abordagem pode ser aplicável a outras matrizes de amostras em que o aumento da sensibilidade seja um problema.

A etapa de eluição

Agora que dispersámos a nossa amostra, a mistura sorvente/amostra resultante pode ser embalada num cartucho. Está agora pronta para a lavagem/eluição sequencial. A maioria dos estudos utilizou um corpo de seringa descartável de polipropileno com um volume de fluido de aproximadamente 10 ml como coluna, com fritas de papel ou polipropileno para reter os materiais misturados. No entanto, algumas aplicações exigem que o analista embale a amostra dispersa/suporte sólido numa coluna que contenha apenas um frito, de modo a auxiliar ainda mais o processo de extração. Estes sorventes adicionais, posicionados de modo a que o solvente de eluição tenha de passar através deles, ajudam a

remover interferências co-eluentes. Isto também pode ser conseguido empilhando pequenas colunas ou discos de extração sob a coluna MSPD.

Recentemente, foi defendida a utilização de cartuchos descartáveis de FlorisilTM39 (Nau et al., 1996) como forma de reter interferências que, de outro modo, seriam co-eluídas com os analitos. Os sorventes, como o Florisil seco, servem também para remover a água do eluente à medida que este passa através do leito compactado. A amostra é normalmente comprimida no fundo desta coluna com um êmbolo de seringa modificado até um volume de aproximadamente 4,0 mL e colocada sobre um recipiente para recolher o(s) eluato(s). A maioria das aplicações relatadas indica que 8 mL de cada solução ou solvente de lavagem podem fluir por gravidade através da coluna. No entanto, quando se pretende um maior rendimento da amostra, também se utilizaram caixas de vácuo para regular o fluxo.

A sequência de eluição aplicada às colunas MSPD varia consoante as necessidades analíticas. Podemos começar com um solvente não polar, como o hexano, e prosseguir com uma sequência de adições de solventes de polaridade crescente (diclorometano, acetato de etilo, acetonitrilo, metanol, água), recolhendo em cada fase uma fração da amostra. Em alternativa, podemos adicionar um solvente para "limpar" a coluna, seguido de um solvente específico para remover a substância a analisar, mantendo na coluna MSPD as interferências indesejadas e potenciais.

O efeito do adsorvente na MSPD

Apesar desta aparente complexidade, os princípios da SPE e da cromatografia continuam a funcionar durante o processo MSPD. Assim, a natureza do suporte sólido/fase ligada afectará a retenção/eluição das substâncias a analisar e dos componentes correspondentes da amostra. Até à data, apenas têm sido utilizados suportes sólidos à base de sílica. Estudos demonstraram que a dimensão dos poros destes materiais é pouco importante no processo MSPD (Barker e Floyd, 1996), mas pode variar consoante a natureza da amostra, pelo que deve ser tida em conta. Da mesma forma, o tamanho das partículas foi examinado. Como seria de esperar, a utilização de tamanhos de partículas muito pequenos, como 3-20 μm, conduz a tempos de eluição prolongados do solvente e, em alguns casos, à obstrução total da coluna MSPD. No entanto, os materiais de granulometria de 40-100 μm com um tamanho de poro de 60 Angstrom têm sido utilizados extensivamente e com sucesso. Felizmente, considerando a massa de adsorvente utilizada por extração, estes materiais são muito menos dispendiosos.

O efeito da matriz de amostragem

A maior diferença entre a MSPD e a SPE padrão reside na influência da própria matriz na extração. Ao contrário da SPE, toda a amostra é dispersa do topo para o fundo da coluna na MSPD. Os componentes da matriz cobrem grande parte do adsorvente, criando uma nova fase. As propriedades de retenção/eluição já não dependem das interações com o adsorvente, mas sim com a amostra dispersa e apenas secundariamente com o suporte sólido e a fase ligada. Por outras palavras, criámos uma nova fase e a distribuição da substância a analisar e as interações com esta nova fase são talvez os factores que mais controlam a MSPD.

De facto, este "efeito de matriz" foi observado por qualquer pessoa que efectue cromatografia. A introdução repetida de amostras leva à acumulação de componentes da amostra na cabeça de uma coluna de GC ou LC e introduz uma nova "fase" na coluna que afecta o carácter de eluição e retenção dos analitos alvo que entram em contacto com ela. A descontinuidade desta fase com a da coluna analítica pode produzir a formação de picos e a formação de ombros ou picos múltiplos para uma única substância a analisar. Pode também levar à perda de uma determinada substância a analisar. No entanto, na MSPD, este efeito de matriz, ou deposição de componentes da amostra como uma fase adicional da coluna, é incorporado em toda a coluna, proporcionando uma oportunidade para estabelecer um novo nível de equilíbrio e consistência que não pode ser obtido por uma fase limitada e descontínua.

Um exemplo deste facto foi talvez observado por Reimer e Suarez nos seus relatórios sobre a utilização da MSPD para isolar e rastrear cinco sulfonamidas no tecido muscular do salmão utilizando a cromatografia em camada fina (Reimer e Suarez, 1991). Estes investigadores observaram que a recuperação do processo MSPD dependia do analista: Um dos analistas (A) utilizou um pilão maior e mais pesado e era fisicamente maior e mais forte do que o segundo analista (B); o analista A obteve consistentemente rendimentos mais elevados das cinco sulfonamidas do que o analista B (70% versus 50%) e os extractos do analista A continham menos gordura/óleo do que os do analista B. Independentemente disso, cada analista obteve curvas-padrão lineares e uma boa precisão e exatidão. Foi proposto que o analista A aplicou uma força maior e obteve uma distribuição mais completa da amostra no suporte sólido/material C18 utilizado. Aparentemente, a duração da trituração teve pouco ou nenhum efeito. As recuperações das colunas de cada analista não foram melhoradas pela utilização de um solvente mais polar. Além disso, verificou-se que foram obtidas recuperações inferiores quando se utilizou C18 seco em vez de C18 condicionado com metanol para a preparação da amostra.

Ajustamento da matriz

Uma vez que a matriz se torna o sorvente durante um método MSPD, a modificação da matriz resulta na modificação da coluna MSPD resultante. Vários estudos de extração mostraram que a adição de agentes quelantes, ácidos, bases, etc., à amostra antes da mistura MSPD afecta a dispersão e a eluição da amostra. Poderemos ser capazes de prever este comportamento a partir do nosso conhecimento da forma como a substância a analisar interage com o meio envolvente. A ionização intencional ou a supressão da ionização de analitos e componentes da matriz pode afetar grandemente a natureza das interações de analitos-alvo específicos com a matriz e o(s) solvente(s) de eluição e deve ser considerada, tal como na SPE, como uma variável para obter extracções reprodutíveis e eficientes.

Factores que influenciam a eluição de uma amostra dispersa

Do mesmo modo, os solventes que escolhemos e a sequência em que os aplicamos determinarão o sucesso da experiência MSPD. Como já foi referido, os perfis de eluição podem ser variados para obter o melhor resultado analítico - equilibrando o isolamento quantitativo do analito alvo com a pureza do eluente final. Devido à natureza do processo, é possível isolar uma gama de analitos alvo de polaridade diferente ou uma classe de compostos num único solvente ou em solventes diferentes passados através da mesma amostra, tornando o processo facilmente acessível ao isolamento e análise de múltiplos resíduos.

A eluição de uma coluna MSPD com um verdadeiro gradiente de polaridades de solvente não foi relatada até à data, mas deve ser aplicável à fração completa de uma amostra. Foi observado nos nossos laboratórios que, numa eluição de 8 mL, a maior parte do analito alvo é eluída nos primeiros 4 mL. Um resultado semelhante foi obtido por Boyd, et al. (1991), em que o fármaco clenbuterol foi isolado de uma amostra de fígado e detectado por radioimunoensaio. Utilizando o volume de eluição padrão de 8 mL, a coluna MSPD foi eluída com hexano, seguido de água; o clenbuterol foi isolado em metanol e foi encontrado inteiramente nos primeiros 3,5 a 4,0 mL do eluato de metanol. O perfil de eluição será diferente, como é óbvio, de tipo de amostra para tipo de amostra e de um solvente para outro.

Uma vez que a estanquicidade do enchimento da coluna pode influenciar a recuperação, modificando as taxas de eluição ou a retenção de um solvente de lavagem previamente aplicado no enchimento intersticial, nenhum relatório até à data prova que desempenha um papel significativo na recuperação. No entanto, obtém-se sempre o melhor comportamento de eluição se forem aplicados os princípios da ciência cromatográfica, eliminando os vazios e as canalizações.

Requisitos para sorventes dedicados à MSPD

A partir da revisão das aplicações e do estudo da técnica, podemos propor novos produtos químicos e dispositivos de fase de superfície que optimizem os parâmetros que influenciam a recuperação e a limpeza numa experiência de MSPD. Por exemplo, as fases que se adaptam mais diretamente à rutura celular e são mais "detergentes" podem revelar-se úteis para uma variedade de aplicações. Esses materiais poderiam estar relacionados com os materiais mais clássicos utilizados para esse efeito, como os Tritões e os detergentes organossulfatados. Estes últimos já estão disponíveis como sorventes de leito misto que contêm C8 ou outras cadeias alquílicas e grupos funcionais de ácido sulfónico, por exemplo,

Foram demonstradas alternativas à mistura de amostra e sorvente: Schenck et al. (1990) e Schenck, Wagner e Bargo (1993), por exemplo, demonstraram que é possível misturar materiais de fase sólida com leite, verter para uma coluna SPE e obter uma recuperação e análise de elevada eficiência de fármacos a partir desta matriz. Estes procedimentos alternativos podem ser utilizados de forma semelhante para aumentar a dimensão da amostra exposta acima do que é possível numa experiência típica de MSPD, evitando simultaneamente a necessidade de preparar a amostra para uma extração SPE clássica.

Devido à falta de relatos na literatura sobre o uso de MSPD como uma técnica de extração de fungicidas pertencentes a diferentes classes químicas de plantas, este trabalho apresenta um método MSPD para a determinação de resíduos de fungicidas em frutos de tomate. Assim, a presente investigação considerou quatro classes químicas diferentes, nomeadamente a azoxistrobina, a picoxistrobina, a piraclostrobina e a trifloxistrobina, que foram analisadas por cromatografia líquida de alta eficiência com detetor de ultravioleta (HPLC-UV).

CAPÍTULO 5. EXPERIMENTAL

Padrões, reagentes e amostras

As normas analíticas certificadas de azoxistrobina (99,4%), picoxistrobina (98,5%), piraclostrobina (99,1%) e trifloxistrobina (99,2%) foram obtidas na Sigma aldrich. O acetonitrilo foi comprado à Rankem, Nova Deli; os solventes de qualidade analítica, diclorometano e acetato de etilo, foram fornecidos pela Merck Limited, Mumbai; a sílica ligada a C18 (50 μm) foi comprada à phenomenex (Torrance, CA, EUA); o Florisil (malha 60-100) foi comprado à fluka chemie GmbH CH-9471 Buchs; o sulfato de sódio de qualidade analítica foi comprado à Merck Limited, Mumbai; os tomates foram comprados no mercado local. Foram trazidos para o laboratório e armazenados em sacos de plástico no frigorífico até serem processados no laboratório.

Soluções-mãe padrão

As soluções-mãe padrão de fungicida foram preparadas individualmente em acetonitrilo a um nível de concentração de 100 μg/mL e armazenadas num congelador a - 18°C. As soluções-mãe padrão foram utilizadas durante um período máximo de 3 meses. Foram preparadas concentrações adequadas de padrões de trabalho a partir das soluções-mãe por diluição com acetonitrilo, imediatamente antes da preparação das amostras.

Preparação da amostra

Porções representativas de 1,0 g de tomate fortificado com 1000 μL de solução padrão de trabalho. A mistura foi então suavemente misturada no almofariz durante 30 minutos, para avaliar a homogeneidade da amostra. A amostra foi deixada em repouso à temperatura ambiente durante uma hora, antes de ser mantida no frigorífico, até à análise.

Processo de extração

Foi pesado 1,0 g de amostra de tomate e homogeneizado com 1,0 g de sílica ligada a C18 durante 5 minutos. A amostra homogeneizada foi transferida para uma coluna MSPD constituída por uma seringa de polietileno com capacidade de 20 mL contendo

1,0 g de flurosil e 1,0 g de sulfato de sódio anidro. A eluição foi efectuada sob vácuo com 20 mL de acetato de etilo e diclorometano (1:1). O eluente foi recolhido num balão de fundo redondo e evaporado até à secura. O eluente foi recolhido para um balão de fundo redondo e evaporado até à secura. Por fim, completou-se com 5 ml de acetonitrilo e analisou-se por HPLC-UV.

Parâmetros de separação cromatográfica

O sistema HPLC-UV utilizado consistiu num cromatógrafo líquido de alta eficiência Shimadzu com bomba LC-20AT e SPD-20A com interface com o software LC solution, equipado com uma coluna analítica C18 de fase reversa de 250 mm x 4,6 mm e tamanho de partícula de 5 pm (PhenomenexLunaC18). O volume de amostra injetado foi de 20μL. As fases móveis A e B foram acetonitrilo e ácido fórmico a 0,1% (70:30(v/v)). O caudal utilizado foi mantido a 1,0 ml/min. O comprimento de onda do detetor foi de 240nm. O método de calibração com padrão externo foi utilizado para esta análise.

Validação do método

A validação do método garante a credibilidade da análise. Neste estudo, foram considerados os parâmetros exatidão, precisão, linearidade e limites de deteção (LD) e quantificação (LQ). A exatidão do método foi determinada por testes de recuperação, utilizando amostras adicionadas a níveis de concentração de 0,05 e 0,5 mg/kg. A linearidade foi determinada por diferentes concentrações conhecidas (0,01, 0,05, 0,1, 0,5, 1,0 e 2,0 μg/ml), preparadas por diluição da solução de reserva. O limite de deteção (LOD, μg/ml) foi determinado como a concentração mais baixa que dá uma resposta de 3 vezes o ruído de base definido a partir da análise da amostra de controlo (não tratada). O limite de quantificação (LOQ, μg/mL) foi determinado como a concentração mais baixa de um determinado fungicida que dá uma resposta de 10 vezes o ruído de base.

CAPÍTULO 6. RESULTADOS E DISCUSSÃO

Especificidade

A especificidade foi confirmada através da injeção do controlo do fruto do tomateiro. Não se registaram picos de matriz nos cromatogramas que interferissem com a análise dos resíduos de fungicidas apresentada na **Fig.3**. Além disso, os tempos de retenção da azoxistrobina, da picoxistrobina, da piraclostrobina e da trifloxistrobina foram constantes, com valores de 4,7±0,2, 6,7±0,2, 7,7±0,2 e 9,3±0,2 min.

Linearidade

Foram preparadas diferentes concentrações conhecidas de fungicidas (0,01, 0,05, 0,1, 0,5, 1,0, 2,0 µg/L) em acetonitrilo, diluindo a solução de reserva. Cada solução foi preparada em triplicado. Injetar as soluções padrão e medir a área do pico. Foi traçada uma curva de calibração da concentração dos padrões injectados versus a área observada e a linearidade do método foi avaliada através da análise de seis soluções. As áreas dos picos obtidas a partir de diferentes concentrações de fungicidas foram utilizadas para calcular as equações de regressão linear. Estas foram Y=121171,3X+34,50,Y=104401,64X+75,33, Y=84115,43X+18,09 e Y=134423,15+45,06, com coeficientes de correlação de 0,9998, 1,0000, 0,9999 e 0,9998 para a azoxistrobina, a picoxistrobina, a piraclostrobina e a trifloxistrobina, respetivamente. A curva de calibração é apresentada na **Fig. 4.**

Exatidão e precisão

Foram efectuados estudos de recuperação a níveis de fortificação de 0,05 e 0,5 µg/mL para a azoxistrobina, a picoxistrobina, a piraclostrobina e a trifloxistrobina em frutos de tomate. Os dados de recuperação e os valores do desvio-padrão relativo obtidos por este método estão resumidos no **quadro 1.**

Estes números foram calculados a partir de cinco (6) análises em duplicado de uma determinada amostra (azoxistrobina, picoxistrobina, piraclostrobina e trifloxistrobina) efectuadas por um único analista num dia. A repetibilidade do método é satisfatória (RSDs<3%).

Limites de deteção e quantificação

O limite de quantificação foi determinado como sendo 0,05 µg/mL. O limite de quantificação foi definido como o nível de fortificação mais baixo avaliado, no qual se obtiveram recuperações médias aceitáveis (90-97%, RSD<3%). Este limite de quantificação também reflecte o nível de fortificação em que um pico de analito é consistentemente gerado a aproximadamente 10 vezes o ruído de base no cromatograma. O limite de deteção foi determinado como sendo de 0,01 µg/mL a um nível de aproximadamente três vezes o retrocesso da injeção de controlo em torno do tempo de retenção do pico de interesse.

Estabilidade de armazenamento

Foi efectuado um estudo de estabilidade durante a armazenagem a -20±1°C com amostras de tomate marcadas com 0,1 µg/mL de azoxistrobina, picoxistrobina, piraclostrobina e trifloxistrobina. As amostras foram armazenadas durante 30 dias a esta temperatura. Analisou-se o teor de azoxistrobina, picoxistrobina, piraclostrobina e trifloxistrobina antes da armazenagem e no final do período de armazenagem. A dissipação percentual observada para o período de armazenagem acima referido foi apenas inferior a 3 % para a azoxistrobina, a picoxistrobina, a piraclostrobina e a trifloxistrobina, não revelando uma perda significativa de resíduos durante a armazenagem. Os resultados são apresentados no **quadro 2.**

CAPÍTULO 7. CONCLUSÕES

Este trabalho descreve, pela primeira vez, um método analítico rápido, simples e sensível, baseado em MSPD-HPLC-UV, que foi desenvolvido e validado para a determinação simultânea de quatro resíduos de fungicidas estrobilurina em frutos de tomate.

O procedimento de extração MSPD do método descrito é muito simples e não requer preparação ou pré-tratamento da amostra, proporcionando uma limpeza adequada da matriz. Os extractos de tomate inteiro são muito limpos, sem picos de interferência no tempo de retenção dos compostos-alvo, o que indica uma boa seletividade do método proposto.

A fase móvel acetonitrilo e ácido fórmico a 0,1% permite uma boa separação e resolução e o tempo de análise necessário para a determinação cromatográfica dos quatro fungicidas estrobilurina é muito curto (cerca de 15 minutos para uma passagem cromatográfica).

Foram obtidos parâmetros de validação satisfatórios, tais como linearidade, recuperação, precisão e limites muito baixos, de acordo com as diretrizes SANCO (2009). Para todos os fungicidas à base de estrobilurina, a sensibilidade do método foi suficientemente boa para garantir níveis de determinação fiáveis inferiores aos respectivos LMR. Por conseguinte, o procedimento analítico proposto pode ser satisfatoriamente útil para a monitorização regular de resíduos de fungicidas estrobilurinas num grande número de amostras de frutos.

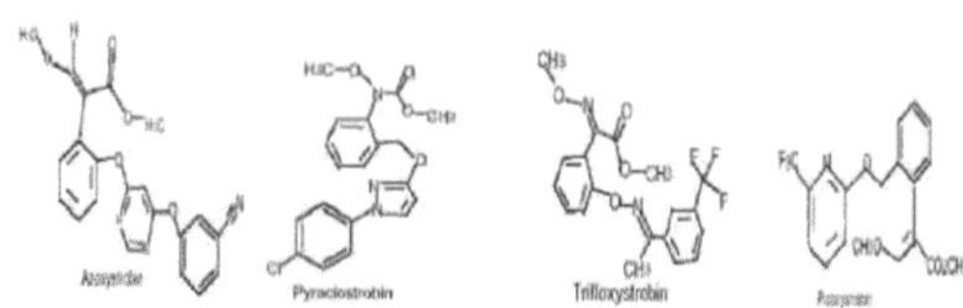

Fig.l. Nomes e estruturas dos quatro fungicidas estrobilurina avaliados

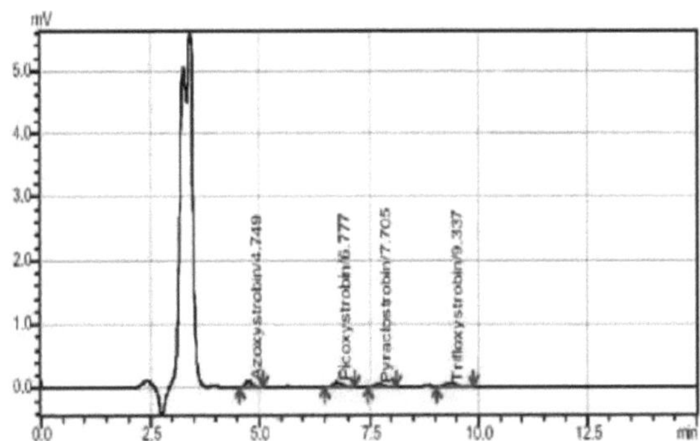

Fig.2.Cromatograma representativo ao nível de fortificação de 0,05µg/mL

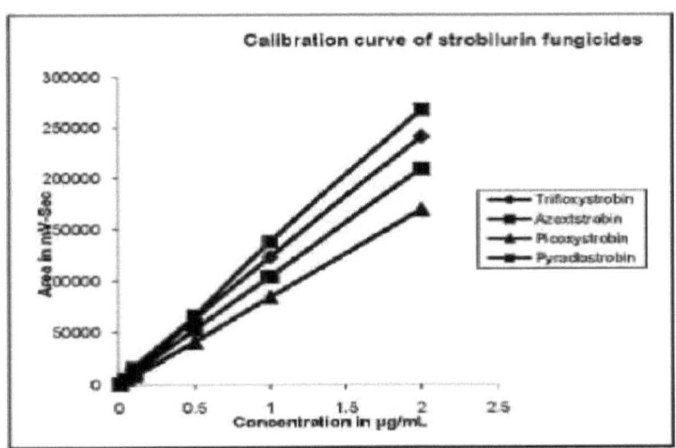

Fig.3. Curva de calibração representativa dos fungicidas à base de estrobilurina

Quadro 1. Recuperações dos fungicidas estrobilurina da amostra de controlo de frutos de tomate fortificados (n=6)

Concentração de fortificação em pg/mL	Replicação	Recuperação (%)			
0.05	R1	88	90	89	91
	R2	90	91	88	90
	R3	91	89	89	94
	R4	89	93	90	93
	R5	89	90	91	91
	R6	90	90	93	90
	Média	**90**	**91**	**90**	**92**
	DER	**1.17**	**1.52**	**1.99**	**1.80**
0.5	R1	95	95	93	96
	R2	98	93	93	93
	R3	96	96	94	92
	R4	95	92	92	95
	R5	95	94	93	93
	R6	93	92	95	92
	Média	**95**	**94**	**93**	**94**
	DER	**1.71**	**1.74**	**1.11**	**1.76**

Tabela 2. Detalhes da estabilidade de armazenamento (n=6)

Concentração fortificada em µg/mL	Período de armazenamento em dias	Replicação	Recuperação em %			
			Azoxistrobina	Picoxistrobina	Piraclostrobina	Trifloxibina
0.1	0	R1	92	91	91	92
		R2	94	93	93	93
		R3	95	95	91	95
		R4	92	92	95	93
		R5	93	94	92	94
		R6	92	91	92	92
		Média	**93**	**93**	**92**	**93**
		DER	**1.36**	**1.76**	**1.63**	**1.25**
	30	R1	90	90	89	91
		R2	89	89	89	89
		R3	90	90	91	91
		R4	91	91	90	91
		R5	91	92	91	90
		R6	92	91	90	91
		Média	**91**	**91**	**90**	**91**
		DER	**1.08**	**1.16**	**0.99**	**0.92**

REFERÊNCIAS

> Adriano Aquino, Michel R.R. Souza, Samia T.A. Maciel da Rosa Alexandre, Sandro Navickiene, 2011. Método MSPD multiclasse para determinação de pesticidas em planta medicinal hyptis pectinata desidratada por GC-MS. Braz. Chem. Soc. **22**:8.

> Barker S.A., Long A.R., e Short C.R., 1989. Isolamento de resíduos de medicamentos de tecidos por dispersão em fase sólida. J. Chromatogr. **475**: 363-361.

> Dave W Bartlett, John M Clough, Jeremy R Godwin, Alison a Hall, Mick Hamer e Bob Parr-Dobrzanski, 2002. The strobilurin fungicides. Pest Management Science, **58**: 649-662.

> Ho W e Hsieh S.J 2001. Microextracção em fase sólida associada à extração assistida por micro-ondas de pesticidas organoclorados em plantas medicinais. Anal. Chim. Ata. **428**: 111.

> T.K. Choudhury, K.O. Gerhardt e T.P. Mawhinney, 1996. Extração em fase sólida de pesticidas com azoto e fósforo da água e análise por cromatografia gasosa. Environ. Sci. Technol. **30**(11): 3259-3265.

> Diretrizes SANCO, 2009. Procedimentos de validação de métodos e de controlo de qualidade para a análise de resíduos de pesticidas em géneros alimentícios e alimentos para animais. Documento NO. SANCO/10684/2009.

> Zuin V.G., Yariwake J.H., Langas F.M., 2003. Análise de resíduos de pesticidas em plantas brasileiras. Braz.Chem.Soc. **14**: 304-309.

> Thomas Duniap, "DDT", publicado pela Princeton University press, 1981.

> Sharma B.K. "Environmental Chemistry" Goel Publishing House, Meerut, 2000.

> Sree Ramulu U.S. "Chemistry of Insecticides and Fungicides" Publicado por Oxford e IBH Publishing Co.Pvt.Ltd., Nova Deli, 1992.

> Lucy Pryde T. "Pesticides,Food and Drugs" Publicado por Cummings Publishing Company, Califórnia, 1973.

> De A.K. "Environmental Chemistry" Publicado por Wiley Eastern Ltd.,Madras,

1989.

> Frederick M. Fishel, "pesticide Residues", Instituto de Ciências Alimentares e Agrícolas, Universidade da Florida, 2005.

> Introdução à Ciência e Tecnologia dos Lacticínios: Milk History, Consumption, Production, and Composition (História, Consumo, Produção e Composição do Leite), Universidade de Guelph, 2002.

> Swaminathan M. "Essentials of Food and Nutrition" Publicado por The Bangalore Printing and Publishing Co.Ltd., Bangalore, 1998.

> Canadian Community Health Survey-Nutrition, Canadá 2004.

> Tomlin C.D.S. "The Pesticide Manual" Publicado pelo British Crop Protection Council UK, 1997.

> Battu R.S., Balwinder Singh, and Kang B.K. "Contamination of Liquid Milk and Butter with Pesticide Residues in the Ludhiana District of Punjab State, India". Ecotoxicology and Environmental Safety 59(2004) 324-331.

> Reunião Conjunta FAO/OMS sobre Resíduos de Pesticidas, 2005.

> Programa Conjunto FAO/OMS de Normas Alimentares, Comissão do Codex Alimentarius, Pesticides Residues in Food. vol. 11, Organização das Nações Unidas para a Alimentação e a Agricultura e Organização Mundial de Saúde, Roma, 1993.

> Health Concerns about Dairy Products, Washington, 2007.

> Junko Kawahara, Jun Yoshinaga, Yukio Yanagisawa "Dietary Exposure to Organophosphorous Pesticides for Young Children in Tokyo and Neighboring Area" [Exposição alimentar a pesticidas organofosforados em crianças de Tóquio e arredores]. Science of the Total Environment 378(2007) 263268.

> Valores LMR CEE-actualizados em 3/11 /2004

> Sree Ramulu U.S. "Methods of Pesticides Analysis" Publicado por Oxford e IBH Publishing Co.Pvt.Ltd., Nova Deli, 1985.

> Chatwal G.R. "Anlytical Chromatography" Publicado por Himalaya Publishing

House, Nova Deli, 1995.

> Gunter Zweig "Analytical Methods for Pesticides, Plant Growth Regulators and Food Additives" Vol.V Publicado por Academic Press, Nova Iorque 1967.

> Gunter Zweig e Joseph Sherma "Uptated General Techniques and Additional Pesticides" Vol.XI Publicado por Academic Press, Nova Iorque 1 980.

> Mallatou H., Pappas C.P., Kondyli E., Albanis T.A. "Pesticide Residues in Milk and Cheeses from Greece" - The Science of the Total Environment 196(1997) 111-117.

> Rekha Naik S.N. and Prasad R. "Pesticide Residue in Organic and Conventional Food-Risk Analysis". Division of Chemical Health and Safety of the American Chemical Society Publicado por Elsevier Inc. CHEHEA 755 1-8.

> Jose Humberto Salas, Maria Magdalena, Gonzalez, Mario Noa, Norma Alicia Perez, Gilberto Diaz, Rey Gutierrez, Hector Zazueta, e Isidro Osuna "Organophosphorous Pesticide Residues in Mexican Commercial Pasteurized Milk" México, 2003.

> Giampiero Pagliuca, Andrea Serraino, Teresa Gazzotti, Elisa Zironi, Andrea Borsari e Roberto Rosmini "Organophosphorous Pesticide Residues in Italian Raw Milk" Itália.

> FDA Reports on Pesticides in Foods, U.S. Food and Drug Administration, 1993.

> Miyuki Gotoh, Masakatsu Sakata, Tetsuya Endo, Hideyuki Hayashi, Hiroshi Seno e Osamu Suzuki "Profenofos metabolites in human poisoning".Forensic Science International 116 (2000) 221-226.

> Qiyu Zhao, Michael Dourson e Bernard Gadagbui "A review of the reference dose for chlorpyrifos". Regulatory Toxicology and Pharmacology 44 (2006) 111-124.

> Hura B.A., Hura C. e Strutinschi D. "Risk assessment for health of pesticides from food in Romania", Roménia 2002.

> How-Ran Chao, Shu-Li Wang, Ta-Chang Lin e Xu-Hui Chung Levels Of Organochlorine Pesticides in Human Milk Collected from Central Taiwan".Chemosphere 62 (2006) 1774-1785.

> Sara Bogialli, Roberta Curini, Antonia Di Corcia, Aldo Lagana, Manuela Nazzari e Michela Tonci "Simple and Rapid Assay for Analyzing Residues of Carbamate Insecticides in Bovine Milk".Journal of Chromatography A.1054 (2004) 351-357.

> Fytianos K., Vasilikiotis G., Weil L., Kavlendis E., e Laskaridis N (1985) "Preliminary Studyof Organochlorine Compounds in Milk Products,Human Milk and Vegetables. Bull Environ Contam Toxicol.34, 504 - 508.

> Gallenberg L.A. e Vodicnik M.J (1989) "Transfer of Persistent Pesticides in Milk" (Transferência de Pesticidas Persistentes no Leite). Drug Metab.Rev. 21, 277 - 317.

> International Dairy Federation (1993) IDF Bulletin N0 282: Consumption Statistics for Milk and Milk Products.

> Lyytikainen A., Lamberg-Allardt C., Kannas L e Cheng S (2004) "Food Consumption and Nutrient Intakes with a Special Focus on Milk Product Consumption in Early Pubertal Girls in Central Finland". Public Health Nutrition: 8(3).284-289.

> Battu R.S, Singh B. e Kalra R.L., (1996) "Seasonal Variations in Residues of DDT and HCH in Dairy Milk in Punjab, India.Pestic Res.J.8, 32-37.

> Battu R.S, Singh P.P., Josia B.S e Kalra R.L., (1989) "Contamination of Bovine Milk from Indoor use of DDT and HCH in Malarial Control Programmes.Sci.Total Environ.86, 281-287.

> Gopalan C., Rao B.S.N., (1980).Dietary Allowances for Indians.National Institute of Nutrition, Hyderabad, India, p.90.

> Gupta A., Parihar N.S., Singh V (1997). Resíduos de HCH e DDT no leite de vaca e no leite em pó. Pestic.Res.J.9, 235-237.

> Pandit G.G.;Sharma S.;Srivastava P.K.;Sahu S.K. Persistent organochlorine pesticide residues in milk and dairy products in India.Food Additives and Contaminants,2002,19(2), 153-157.

> Chensheng Lu,Dianne E.Knutson,Jennifer Fisker-Anderson, and Richard A.Fenske Biological monitoring Survey of organophosphorous pesticide exposure among pre-school children in the seattle metropolitan area .Environ Health Perspect

2001,109,299-303.

> Mukherjee I,Gopal M. Organochlorine pesticide residues in dairy milk in and around Delhi.Indian Agricultural Research Institute,Division of Agricultural Chemicals,New Delhi.

> P.J.John, Neela Bakore e Pradeep Bhatnagar: avaliação dos níveis de resíduos de pesticidas organoclorados no leite de vaca e de búfala da cidade de Jaipur, Rajastão, Índia. Unidade de Toxicologia Ambiental, Departamento de Zoologia, Universidade de Rajasthan.2001.

> Lilia A. Albert - Um estudo dos resíduos de pesticidas organoclorados em amostras de queijo de três regiões mexicanas. 2003.

> R.L.Kalra, R.P.Chawla, M.L.Sharma, R.S.Battu e S.C.Gupta .Residues of DDT and HCH in butter and ghee in India 1978-1981 . Environmental Pollution Series B,Chemical and Physical .1983, 6(3),195-206.

> M.C.Heck, J.Sifuentes dos Santos,S.Bogusz Junior,I.Costabeber e T.Emanuuelli. Estimativa da exposição de crianças a compostos organoclorados através do leite no Rio Grande do Sul, Brasil .2006

> Marvin L. Hopper Automated one-step supercritical fluid extraction and clean-up system for the analysis of pesticide residues in fatty matrices (Sistema automatizado de extração com fluido supercrítico e limpeza numa só fase para a análise de resíduos de pesticidas em matrizes gordas). Journal of Chromatography, 1999, 840(1,23) ,93-105.

> A.Lenardon,M.I.Maitre de Hevia e S.Enrique de Carbone. Pesticidas organoclorados na manteiga argentina. Science of the Total Environment. 1994, 144(1-3),273-277.

> M.M Amr. Controlo dos pesticidas e seus problemas de saúde no Egito, um país do Terceiro Mundo. 1999.

> Resíduos de Pesticidas em Bovinos. Environmental Monitoring and Assesment.2007, 129(1-3), 349-357.

yes
I want morebooks!

Buy your books fast and straightforward online - at one of world's fastest growing online book stores! Environmentally sound due to Print-on-Demand technologies.

Buy your books online at
www.morebooks.shop

Compre os seus livros mais rápido e diretamente na internet, em uma das livrarias on-line com o maior crescimento no mundo! Produção que protege o meio ambiente através das tecnologias de impressão sob demanda.

Compre os seus livros on-line em
www.morebooks.shop

Printed by Books on Demand GmbH, Norderstedt / Germany